兴蒙蒙古族乡喀卓服饰

云南兴蒙乡蒙古族文化丛书

云南省通海蒙古民族文化研究传承保护中心 编

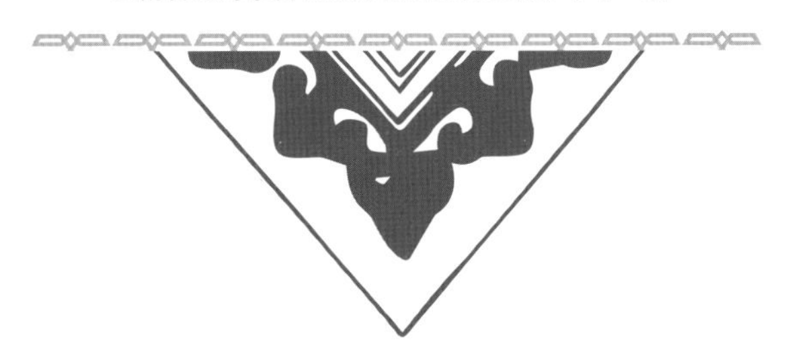

云南出版集团
云南人民出版社

图书在版编目（CIP）数据

兴蒙蒙古族乡喀卓服饰 / 云南省通海蒙古民族文化研究传承保护中心编. -- 昆明：云南人民出版社，2017.11

（云南兴蒙乡蒙古族文化丛书）

ISBN 978-7-222-15596-1

Ⅰ. ①兴… Ⅱ. ①云… Ⅲ. ①蒙古族－民族服饰－服饰文化－文化研究－通海县 Ⅳ. ①TS941.742.812

中国版本图书馆CIP数据核字(2016)第312403号

出 品 人：赵石定

项目统筹：张平慧　段兴民

责任编辑：赵　红　任　娜

装帧设计：陶汝昌

责任校对：王　逍

责任印制：代隆参

书　名　兴蒙蒙古族乡喀卓服饰

XINGMENG MENGGUZU XIANG KAZHUO FUSHI

作　者　云南省通海蒙古民族文化研究传承保护中心　编

出　版　云南出版集团公司　云南人民出版社

发　行　云南人民出版社

社　址　昆明市环城西路609号

邮　编　650034

网　址　www.ynpph.com.cn

E-mail　ynrms@sina.com

开　本　787mm×1092mm　1/16

印　张　8.25

字　数　130千

版　次　2017年11月第1版第1次印刷

印　刷　云南国方印刷有限公司

书　号　ISBN 978-7-222-15596-1

定　价　58.00元

如有图书质量与相关问题请与我社联系

审校部电话：0871-64164626　印制科电话：0871-64191534

云南人民出版社微信公众号

编辑委员会

民族霓裳·色彩斑斓

——云南兴蒙乡蒙古族服饰文化

服饰文化作为传统文化的重要组成部分，凝聚着各民族劳动人民适应自然环境的智慧和审美情趣。越在传统的农（牧）业社会环境中，服饰文化的诸因素保留越为持久。而在现代化的工业社会里，随着经济文化交流的频繁，服饰文化变迁迅速，很多时候，服饰甚至不能代表传统民族文化，其中的价值观念、审美情趣、工艺流程都在渐行渐远。因此，保存和传承服饰文化就成为传承民族文化最直观、形象的切入点。

每个民族都有自己的服饰，从审美的角度看，服饰反映了一个民族的文化素质；从经济发展的角度看，服饰反映了一个民族的发展水平，是一个民族社会意识的反映，在一定程度上直接体现着与服饰相联系的风俗习惯等社会特征。

云南兴蒙蒙古族经760余年的历史沧桑，在特殊的历史背景下，客观环境迫使“易服从俗”，既保留了北方蒙古族服饰痕迹又“变服改饰”融入当地民族的一些文化因子，成了云南兴蒙蒙古族独特的服饰。服饰文化的变迁，也是兴蒙蒙古族人求生存、求发展道路上必然形成的结果。兴蒙蒙古族人在特定历史条件下，在适应自然、改造自然的过程中，形成了为服务于自己的体肤、生命意志、审美情趣和社会文化所需而创造的独具一格的服饰文化。相对于北方草原的蒙古服饰，兴蒙蒙古族服饰文化地域特色鲜明，其特征如下。

一、南北兼融，和和美美

北方蒙古族的传统服饰是蒙古袍，这种服饰非常适合于草原生活；而到云南高原湖泊之滨，这种服饰显然不能适应杞麓湖畔的农耕和渔猎生活，因此人

们逐步放弃了袍服而采用上衣下裤的短装。男子在民国前还穿长袍、戴毡帽、扎腰带，而在中华人民共和国成立后则与汉族男子服饰无异，只是在节日期间和重大庆典活动时穿蒙古袍。女子则不穿长袍，而穿半长衣和长裤。上衣一套共三件，颜色不同，长短各异，称为“三叠水”服饰。其中，在高领袖口和花边图案上仍保留着北方蒙古族服饰的特色。这种既植根于草原，又向周边民族学习的特点，体现了蒙古族开拓进取、兼融并包的精神。

兴蒙蒙古族落籍通海杞麓湖畔，由马背民族变为渔猎农耕民族，服饰长度总体呈缩短趋势。男子由于对外交往频繁，且受外部影响较多，服饰基本与各时期的汉服相同，要么部分改变要么基本同化，而女子居家耕织，对外交往少，服饰更多地保持了元明清以来周边民族服饰的文化因素，并形成了自己的特点。其中，就包含有彝族、白族、汉族、回族、哈尼族等民族服饰的文化因子。服饰在色彩选择上由单调变为色彩斑斓；在制作上由传统手工向专业化转变。落籍云南兴蒙乡的蒙古族与周边各民族不断交流融合，服饰的款式、配饰、色彩和功能都发生了巨大变化。受各民族服饰文化的影响，结合当地人们的生活环境、经济从业和生活方式，创新发展成为独具特色的高原蒙古族服饰文化特征。

二、美观大方，层次分明

兴蒙蒙古族在与各少数民族长期的交往中，吸纳了各民族刺绣服饰的特色，既保留了北方蒙古族服饰花边图案特征，又渗入了各民族服饰精华。蒙古族“三叠水”服饰中，风冠帽、衣领、手袖、腰带、裤袋、老年人佩带的香包、少儿童帽、妇孺花鞋都绣着各式各样的花色图案。服饰的花边，种类繁多且衔接有序，有锁边、花边、渔网式花边、狗牙式花边，龙鳞花边、行接花边、链子花边。五颜六色的刺绣工艺与兴蒙蒙古族人的生活息息相关。如果再佩戴一些银首饰装饰品，如排扣、银钮子、龙头手镯、绕丝戒指、银耳环加上聪兀丝、新苾，就构成了区别于其他民族服饰特色的“三叠水”服饰文化。在制作上用料讲究、做工精细、雅致美观、经久耐用。纷繁的款式、精湛的技艺、多彩的风格、浓郁的民族文化风情，装点丰富多彩、色彩鲜艳的兴蒙

蒙古族服饰是“写在身上的历史，穿在身上的文化艺术，是美的享受，欣赏价值高”。

三、长幼有序，身份明确

根据生产生活和渔猎活动所需，兴蒙蒙古族服饰形成了多层次、多格式的服饰文化。比如，从兴蒙蒙古族妇女头饰，就能看出她们的身份。妇女头饰别具一格，一生中要经历三次变化。青少年时期戴一顶实棉布缝制的凤冠帽，将头发梳成两根发辫盘绕在帽外，然后从后脑勺绕到额头正上方，交叉后辫尾结于帽尾，帽尾翘起的冠下扎有两个大红丝绒垂于脑后，称为新蕊。结婚后的少妇不戴凤冠帽，而用一块约一点六米长的黑布折成五厘米宽的包头围在头上，称聪兀丝，发辫绕在聪兀丝外。婚后生孩子满月，头发全部盘绕于头顶，头发不外露。这是不同年龄层次的服饰变化特点。

兴蒙蒙古族有少儿服饰、青少年服饰、壮年和老年服饰等不同层次、不同格式的着装，并有生产、劳动所需的服装以及节庆活动的盛装。遇到兴蒙乡重大节庆活动，如蒙古族那达慕盛会、祭祖节、鲁班节等节日时，全乡男女老幼会身穿节日盛装，男子穿蒙古袍、女子穿鲜艳的盛装并佩戴银饰饰品。那达慕盛会上的摔跤手穿摔跤服；上台表演的男女演员穿舞台服饰，展现了一片光彩夺目的景象。

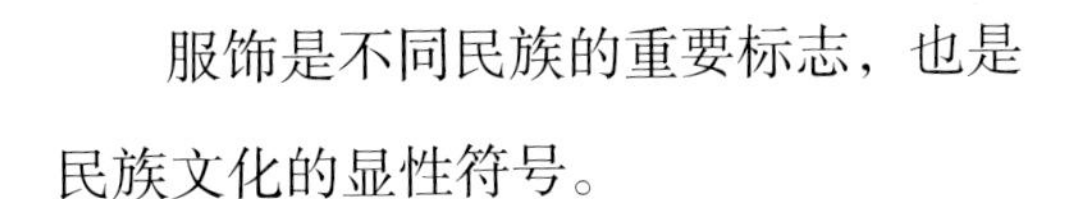

服饰是不同民族的重要标志，也是民族文化的显性符号。

本书所编排的上百幅图片，全面展示了兴蒙蒙古族独具特色的服饰文化，体现了兴蒙蒙古族的民族特征，充分说明了兴蒙蒙古族人民保持自己文化的自觉性。让兴蒙蒙古族服饰文化在历史长河中再延伸，让兴蒙蒙古族服饰文化之花，在创新发展中，越开越艳。

目　录

时代的华章——服饰演变

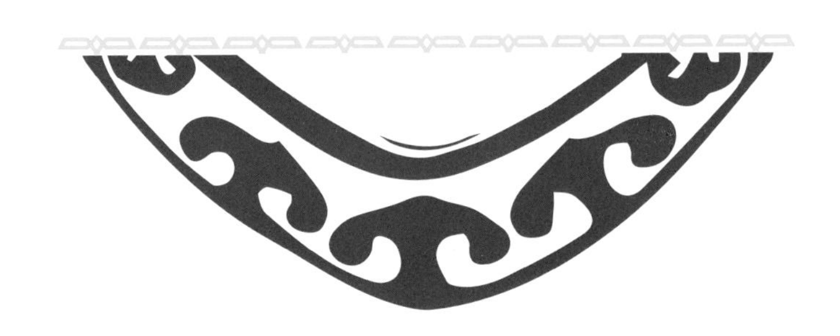

（一）清代服饰

（二）民国时期服饰

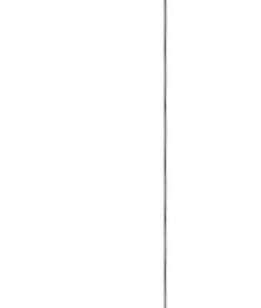

0615

（三）20 世纪 50 年代服饰

（四）20 世纪 60 年代服饰

（五）20 世纪 70 年代青年女子服饰

（六）20 世纪 80 年代服饰

20 世纪 80 年代内蒙古老师到兴蒙乡支教

（七）20 世纪 90 年代老年人服饰

20 世纪 90 年代老年人服饰图（一）

20 世纪 90 年代老年人服饰图（二）

（八）21 世纪服饰

中年服饰、老年服饰、青年服饰

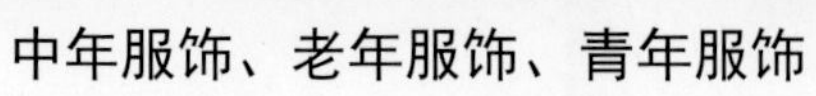

老年人服饰图（一）

老年人服饰图（二）

老年人服饰图（三）

服饰合集

云南蒙古族男子服饰

为了适应各个历史时期的生产生活，兴蒙蒙古族男子服饰大多增添了现代服饰元素，但在婚礼、节日的时候男子都备有一套的蒙古袍，以示喜庆。

（一）20 世纪 80 年代老年男子蒙古袍

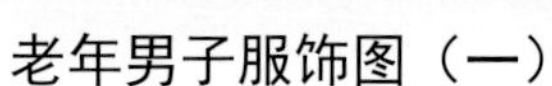
老年男子服饰图（一）

老年男子服饰图（二）

老年男子服饰图（三）

（二）21 世纪青年男子服饰

青年男子服饰图（一）

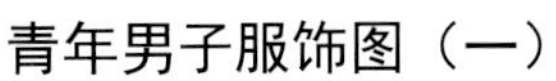

青年男子服饰图（二）

青年男子服饰图（三）

青年男子服饰图(四)

青年男子服饰图（五）

（三）新郎服饰

新郎服饰图（一）

新郎服饰图（二）

新郎服饰图（三）

（四）表演服饰

表演服饰图（一）

表演服饰图（三）

表演服饰图（二）

云南蒙古族女子服饰

兴蒙蒙古族在760多年的历史长河中，经历了牧民—渔民—农民的转变。随着历史的发展和生产生活的变化，兴蒙蒙古族服饰也发生了改变，但仍然保留着北方蒙古族服饰的元素，进而形成了独特的喀卓服饰。根据不同的年龄段，兴蒙蒙古族服饰分为“一叠水”服饰、“二叠水”服饰和“三叠水”服饰。

（一）“一叠水”服饰

“一叠水”服饰是结婚前少女穿戴的服饰，代表人生成长的阶段。一般由一件小褂（长及腰，右边钉有四十颗左右的银钮子，左边钉有八块银排扣）、一件长衣（长至股）、一件汗褟（比长衣短一寸）组成。外露高领，大袖，小袖。绣有精美的锁口花边、行接花边、网眼花边、狗牙式花边、龙鳞花边、绲边镶边等精美的图案。头戴凤冠帽。发系喜毕（也称新苾），盘于凤冠帽上。

衣服

凤冠帽

腰带

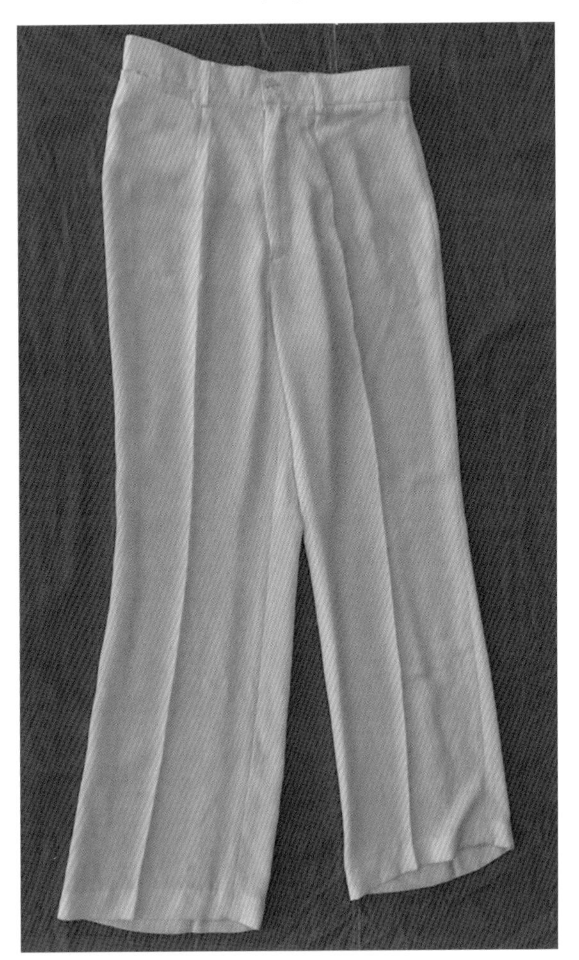

裤子

鞋子

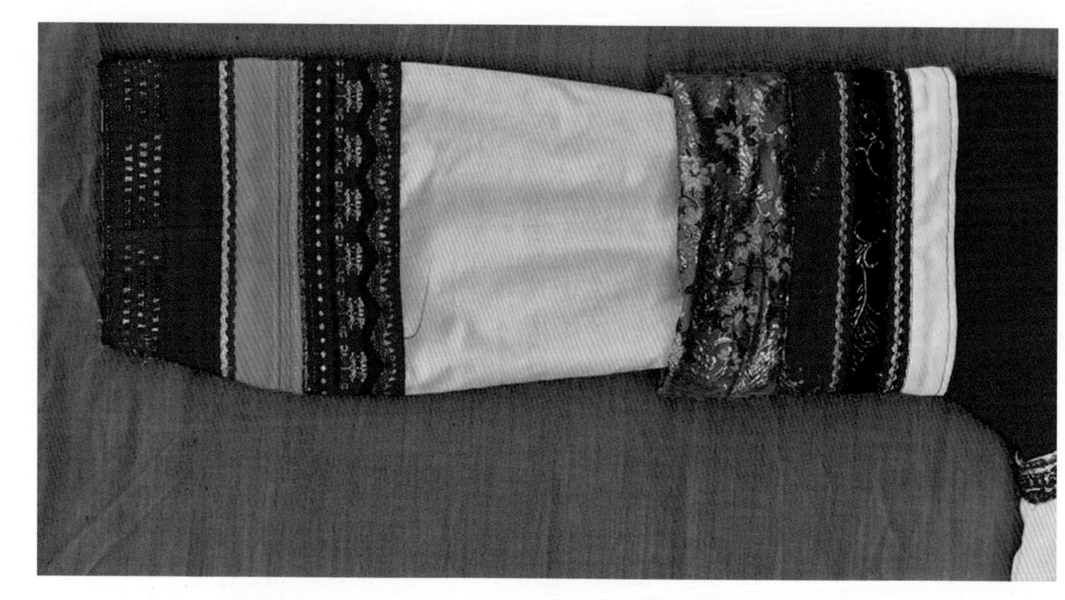

袖子

高领

小褂

长衣

“一叠水”服饰

“一叠水”服饰背面头饰

“一叠水”服饰侧面头饰

“一叠水”服饰侧面

“一叠水”服饰正面

“一叠水”服饰

“一叠水”服饰

（二）“二叠水”服饰

“二叠水”服饰是结婚时新娘穿的婚装，象征着成家立业的阶段。由新郎家送来一套“二叠水”服饰来迎亲，娘家再陪嫁一套“二叠水”服饰。由一件小褂、两件长衣（里面一件长衣比外面一件长衣长一寸左右）、一件汗褟组成。不戴凤冠帽，用五尺长二寸宽的黑色包头盘于头上，发系喜芯，盘于包头上。生过小孩的发盘于头顶，用六尺长二寸宽的黑色包头蒙严不外露。

聪兀丝

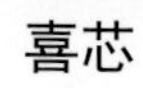

喜芯

腰带

衣服

二层裤子

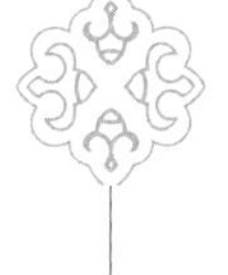

花鞋

一长衣

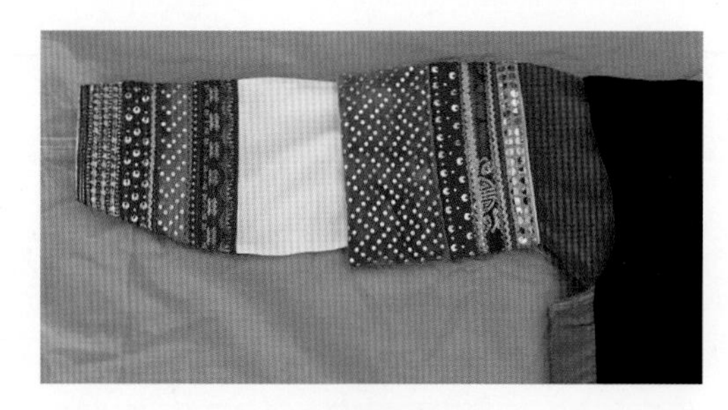

袖子

高领

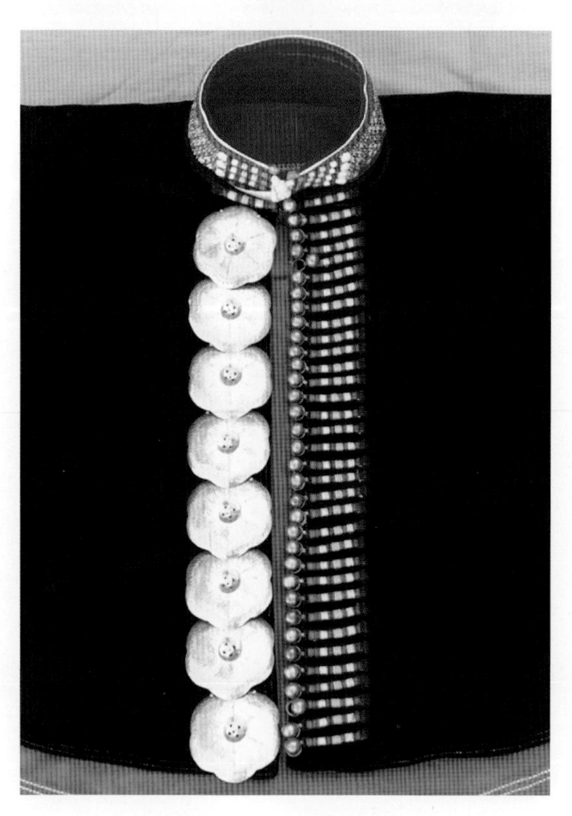

银排扣、银钮子

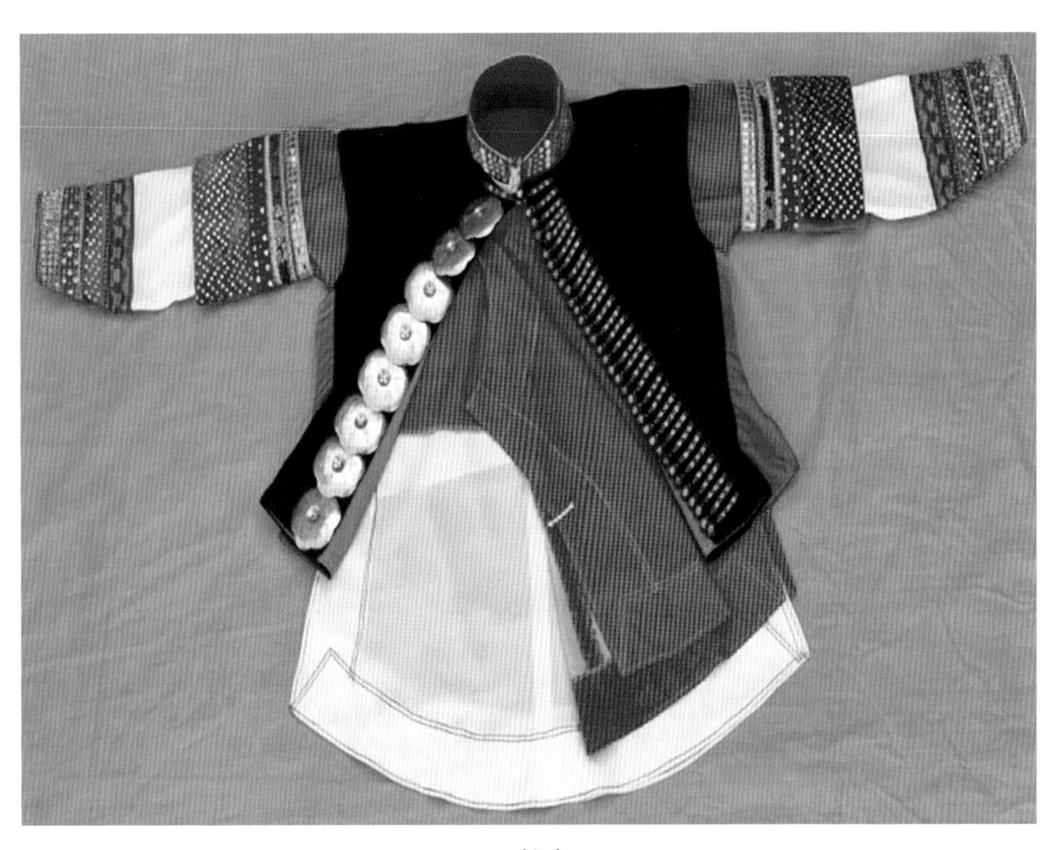

二长衣

裤腰带流苏

“二叠水”服饰

“二叠水”服饰

“二叠水”服饰侧面头饰

“二叠水”服饰正面头饰

“二叠水”服饰背面头饰

“二叠水”服饰背面头饰

“二叠水”服饰正面图

“二叠水”服饰正面图

“二叠水”服饰侧面图

“二叠水”服饰正面图

“二叠水”服饰正面图

（三）“三叠水”服饰

“三叠水”服饰是五十岁以上的老年人的穿着。一般这个时候的老年人有儿有女、子孙满堂，象征着人生功得圆满。由三件长衣、一件汗褟、一条腰带（称褡帛，两头绣着精美花边）、一串银串子（也称银饰三台）、一个冥包（也称香包）组成。外面一件面襟长衣胸部右边上镶着绲边镶边（称弯巾，延续了传统蒙古族服饰文化），第二件比外面一件长一寸，第三件比第二件长一寸，头饰与生过小孩的相同。

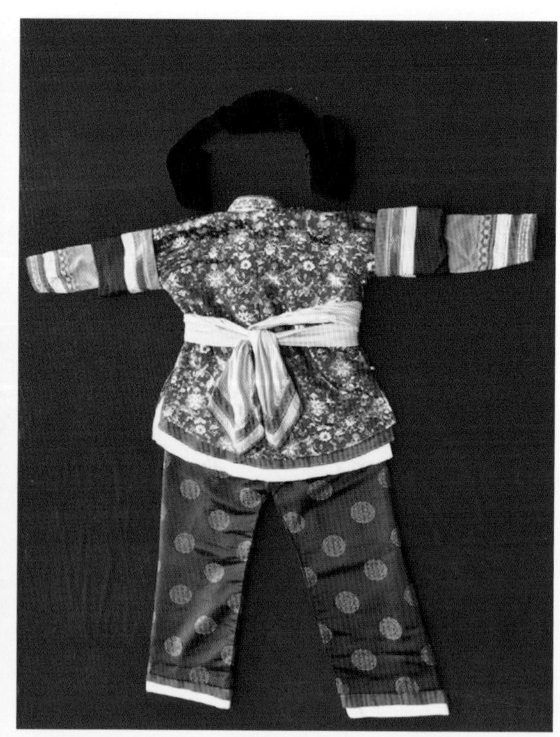

衣服

褡帛

二长衣

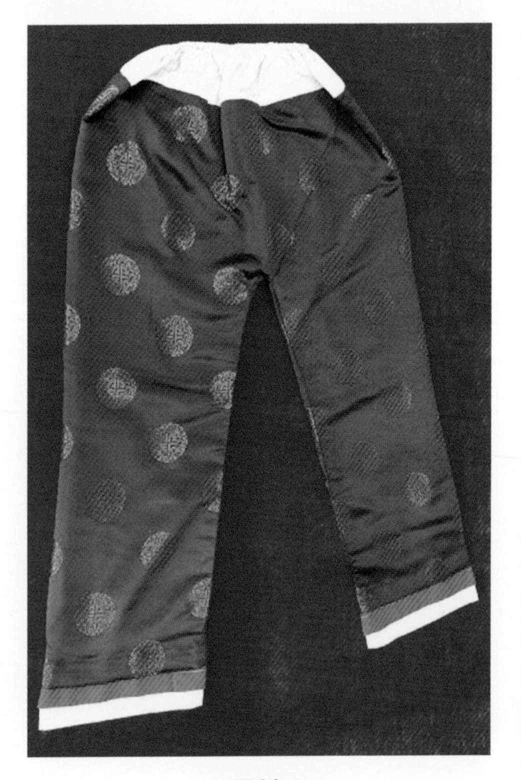

三长衣

三层裤子

聪兀丝

花鞋

高领

大弯巾

袖子

系腰带正面

系腰带反面

裤带

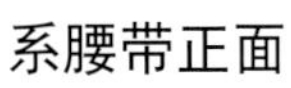

“三叠水”服饰

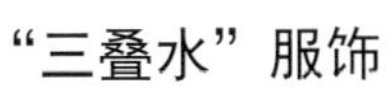

“三叠水”服饰

“三叠水”服饰

“三叠水”服饰背面头饰

“三叠水”服饰正面图

“三叠水”服饰背面图

老年妆、幼儿妆

云南蒙古族儿童服饰

（一）幼儿服饰

幼儿服饰

幼儿服饰

贺乐多帽

衣服

裤子

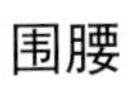

围腰

小鱼鞋

（二）幼儿帽子

贺乐多帽，以黑色布料为主，上面绣有独特的蒙古族花纹，前有银饰佛像，两边配有银制鱼台饰，后有鱼尾遮阳，并配有鱼形银饰。左右有虎形耳朵挂着银饰。大多可以前后两用，适用于春夏秋冬。

贺乐多帽正面图

贺乐多帽背面图

贺乐多帽侧面图

贺乐多帽上面图

贺乐多帽背面图

（三）幼儿围腰

幼儿围腰有正反两面，正面为黑色，反面为蓝色，领口绣有锁口花边，后有飘带，上面绣着蒙古族特色花纹。右边钉有银钮两颗，后领钉有两至五颗。起到围兜及装饰作用。

幼儿围腰背面图

幼儿围腰正面图

幼儿围腰背面图

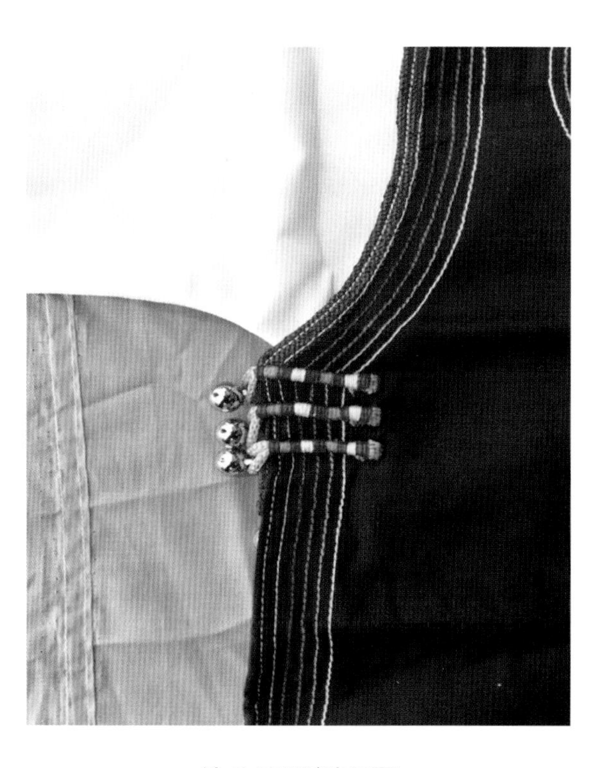

幼儿围腰侧面图

幼儿围腰背面图

（四）幼儿小鱼鞋

主要是婴幼儿穿的鞋子，图案绣成鱼形，寓意年年有余。

（五）幼儿服饰展示图

（六）儿童服饰展示图

佩饰类

（一）高箍笠帽

高箍笠帽是喀卓女子用竹篾编制、用于遮阳挡雨的帽子。高箍上绣有精美的花边图案，并配有蝴蝶和钱币银饰。

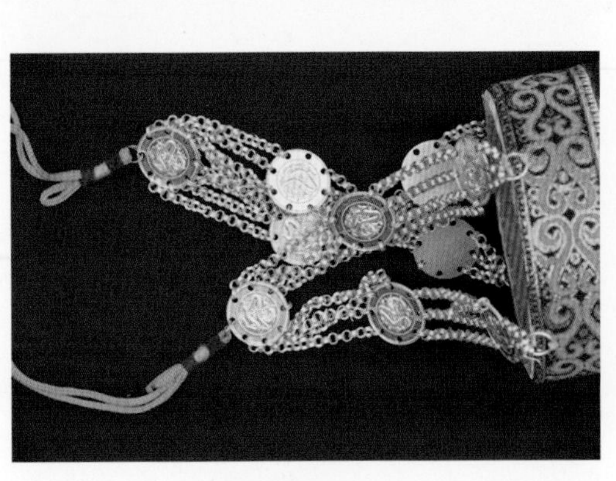

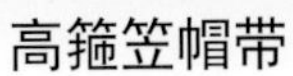
高箍笠帽带

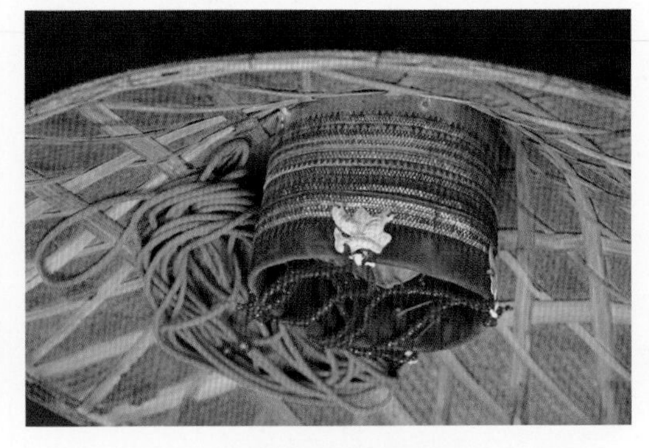

高箍笠帽高箍

高箍笠帽高箍

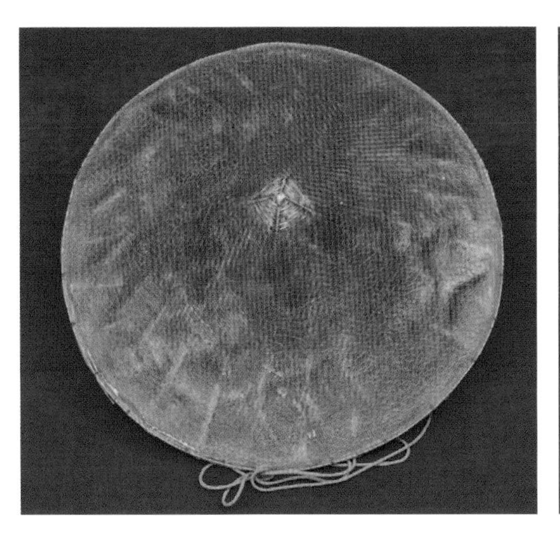

高箍笠帽正面图

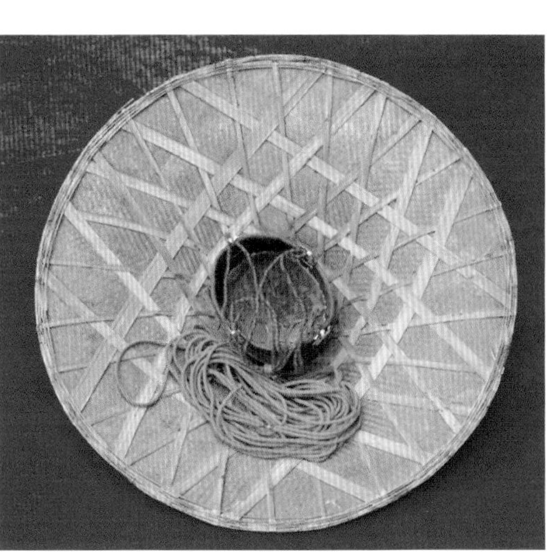

高箍笠帽背面图

高箍笠帽佩戴图（一）

高箍笠帽佩戴图（二）

（二）围腰

围腰面长一尺五，宽一尺，用黑丝布料制作；两头有飘带，各长四尺五寸，宽两寸，用白色布料制作；顶端三角形，绣有花边。围腰的左右角各有方形图案，绣有各色花边。

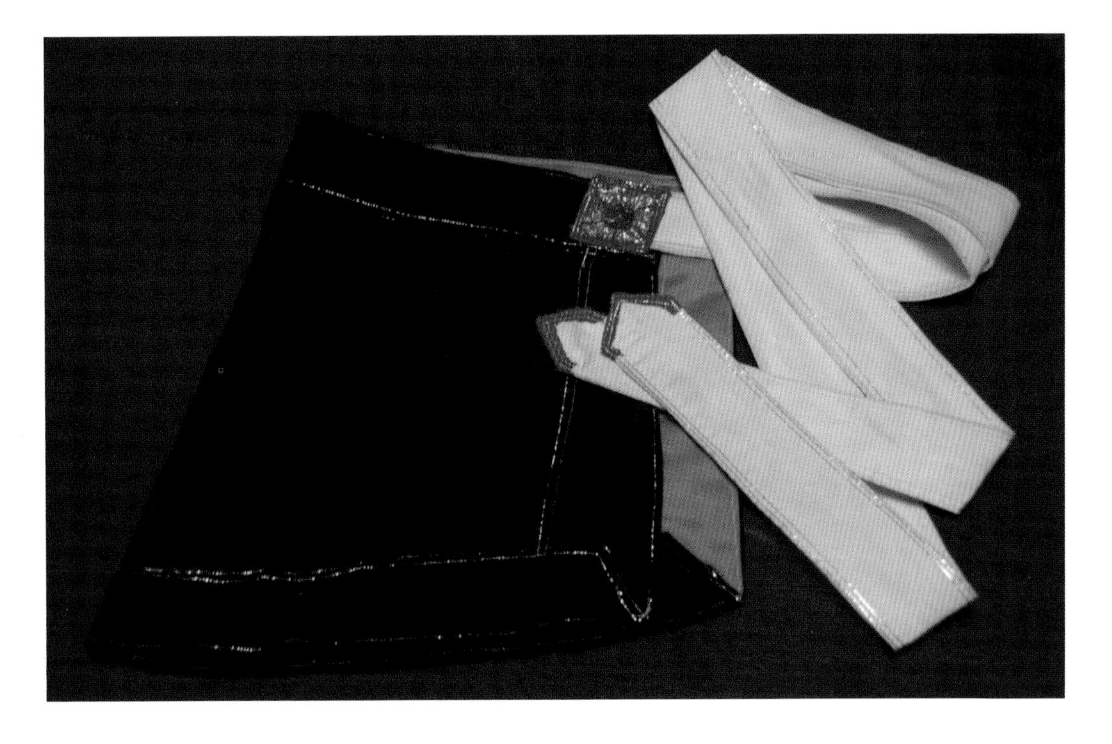

围腰佩戴图（一）

围腰佩戴图（二）

围腰佩戴图（三）

（三）褡帛

20世纪80年代以前，褡帛以黑、蓝为主色调，80年代及以后，由红、黄、蓝、绿等多种颜色组合而成。缝制成桶状，两头开口处成三角形，绣有各色花边。用于“三叠水”服饰的腰带及平时生产生活中的钱袋及饭袋。

褡帛图（一）

褡帛图（二）

（四）方形头巾

20世纪70年代以前可作为头巾、围腰、背袋等。长、宽各为四尺五寸，用黑、蓝两种布料制作。

（五）长方形背包

20世纪70年代以前用于背小孩，长九尺，宽四尺五寸，用黑、蓝两种布料制作。

银饰类

兴蒙蒙古族是一个喜爱银饰制品的民族，他们会将各式各样的银饰制品作为配饰。

（一）麒麟银项圈

麒麟银项圈，纯银制作，是幼儿佩戴的银饰品。因银饰中制有麒麟而得名。主要是家中老人为后代准备的，寓意孩子健康成长。

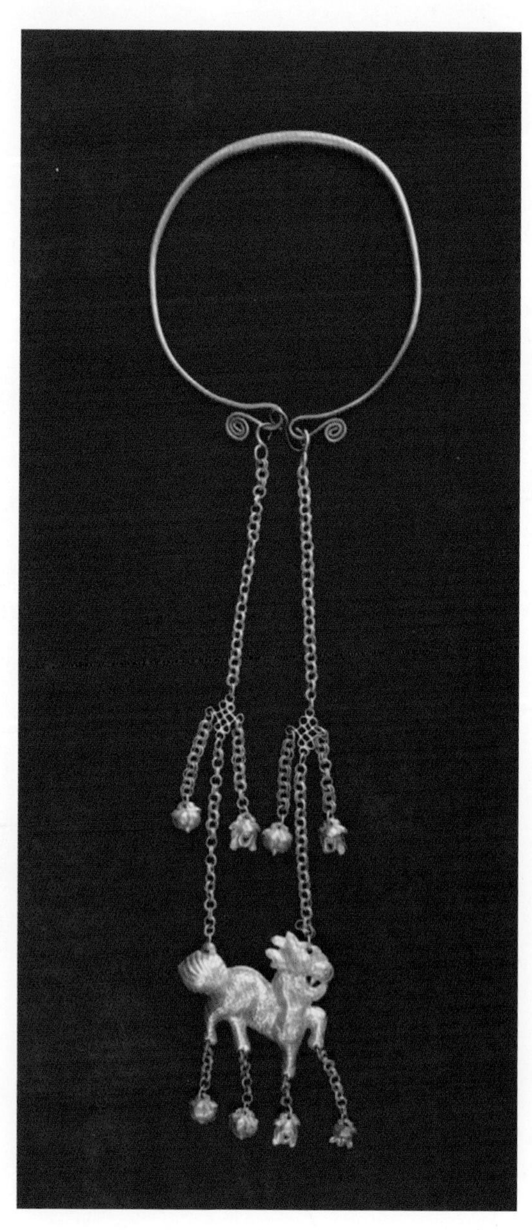

（二）银串子

银串子，纯银制作，是女子结婚时娘家陪嫁物。佩戴于胸前，寓意吉祥富贵。

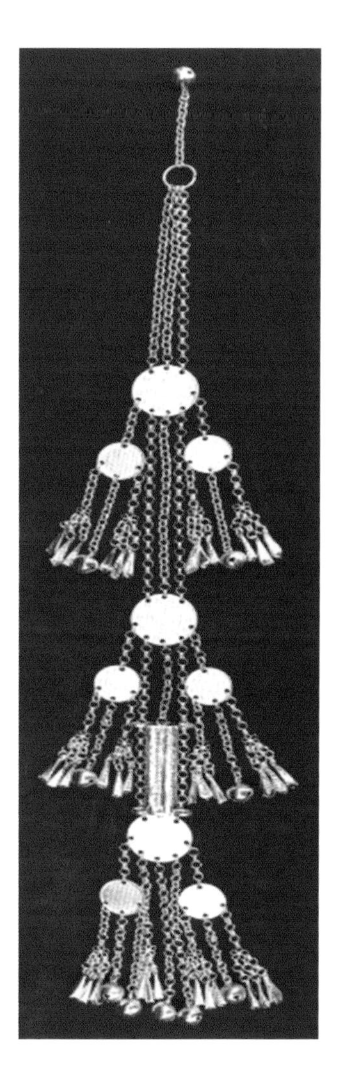

（三）冥包

冥包也称香包，主要是五十岁以上的女子佩戴于右胸前的配饰。绣有各色花纹及吉祥物图案。

冥包正面图（一）

冥包正面图（二）

（四）幼儿手镯

幼儿手镯，纯银制作，是幼儿时期佩戴的银饰品。

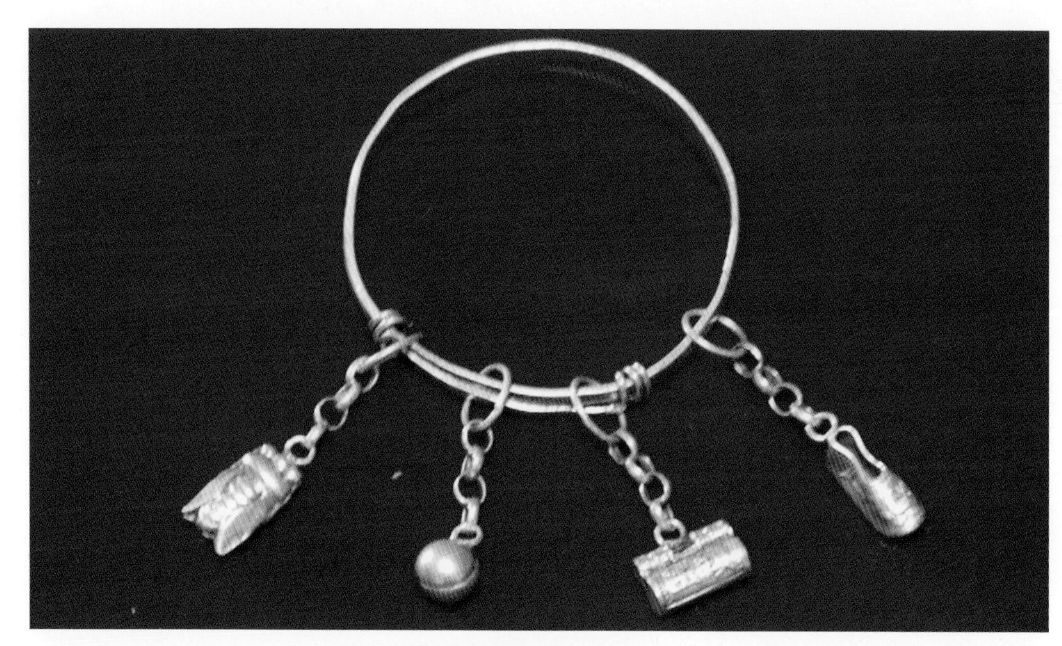

幼儿手镯图（一）

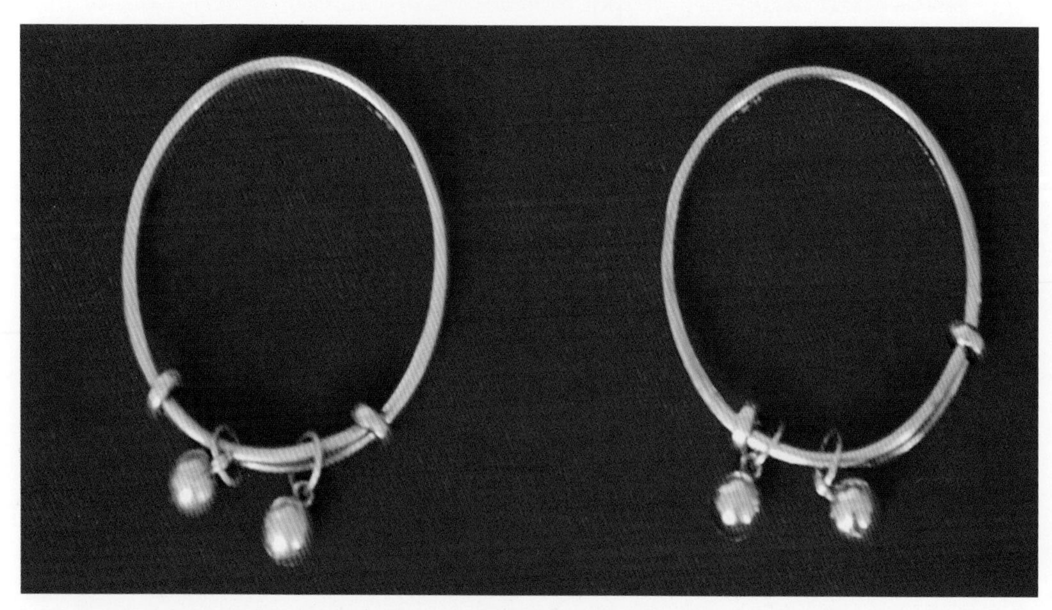

幼儿手镯图（二）

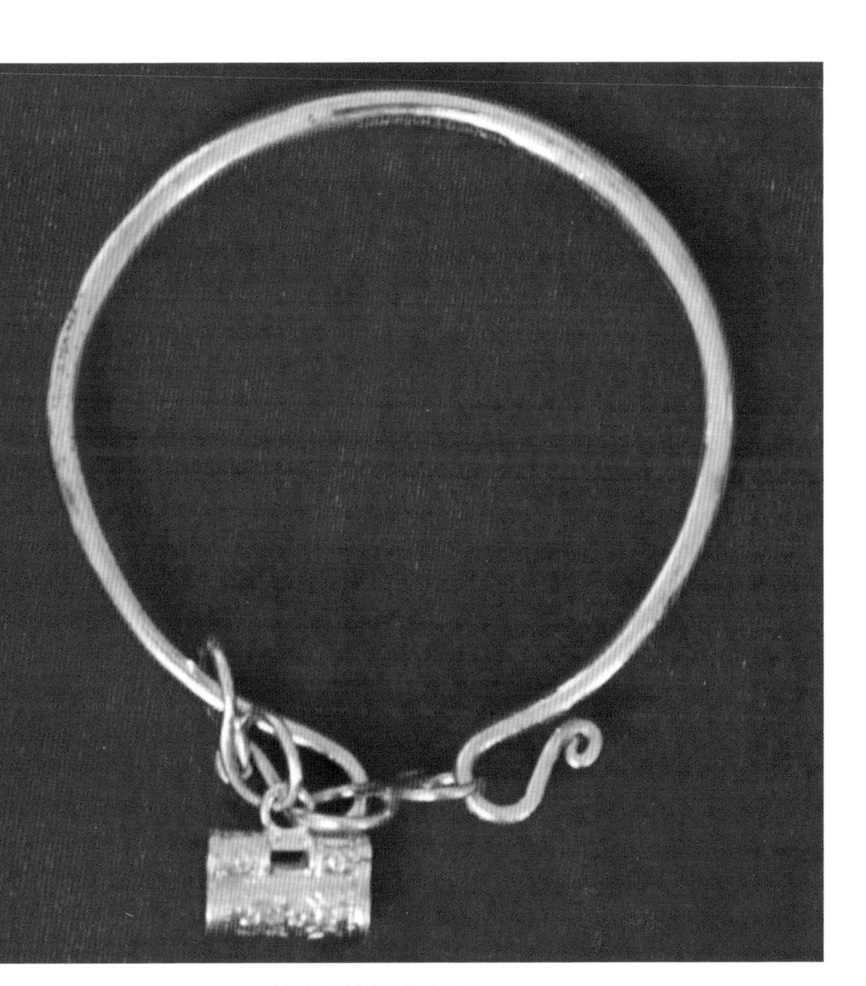

幼儿手镯图（三）

幼儿手镯图（四）

（五）龙头手镯

龙头手镯，纯银制作，有实心和空心两种。制作成的龙头手镯，两龙相对应，属女子佩饰。

龙头手镯图（一）

龙头手镯图（二）

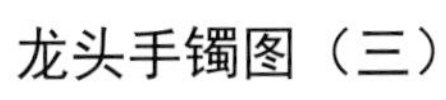

龙头手镯图（三）

龙头手镯图（四）

龙头手镯图（五）

（六）银耳环

银耳环，纯银制作，一般在耳坠处镶有宝石、水晶、玛瑙和红珊瑚。属女子配饰。

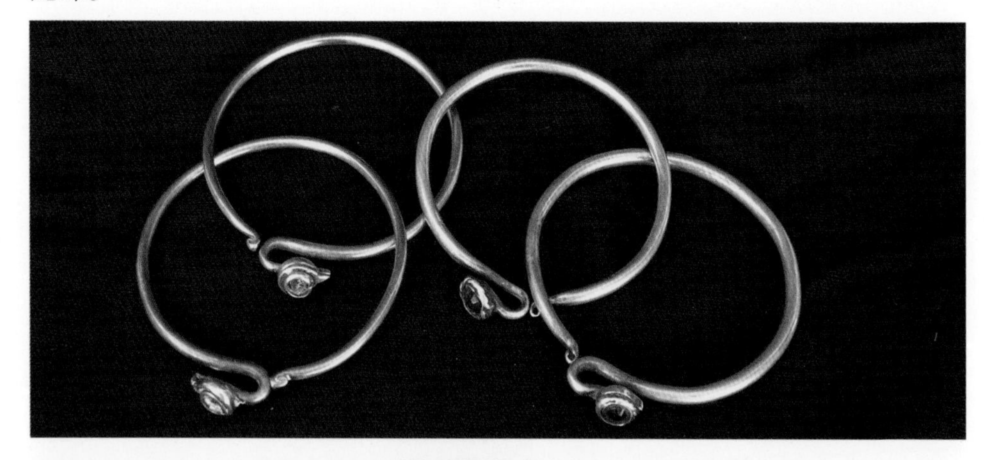

银耳环图（一）

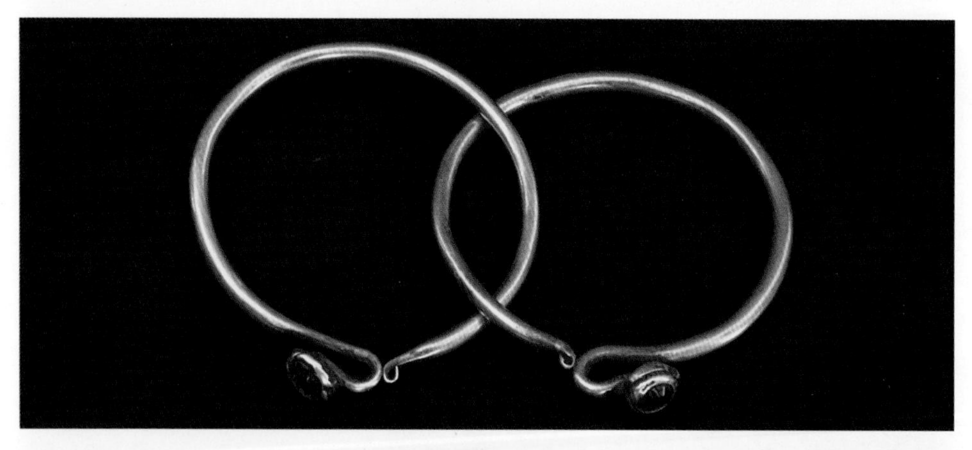

银耳环图（二）

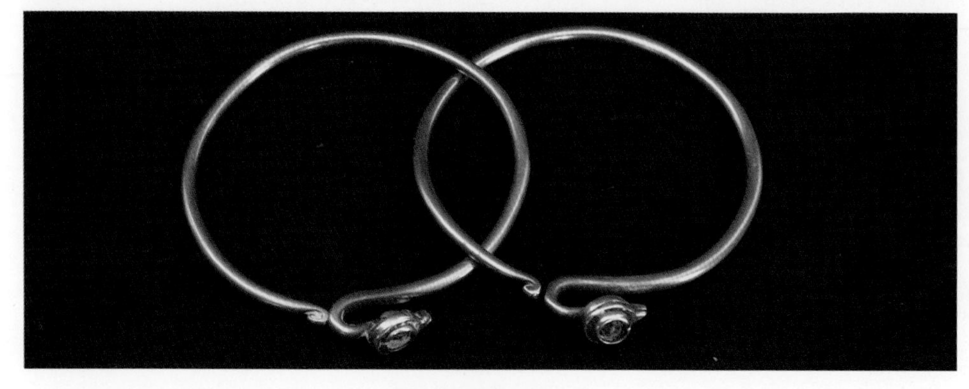

银耳环图（三）

（七）银丝戒指

银丝戒指，纯银制作，女子佩饰。

银丝戒指图（一）

银丝戒指图（二）

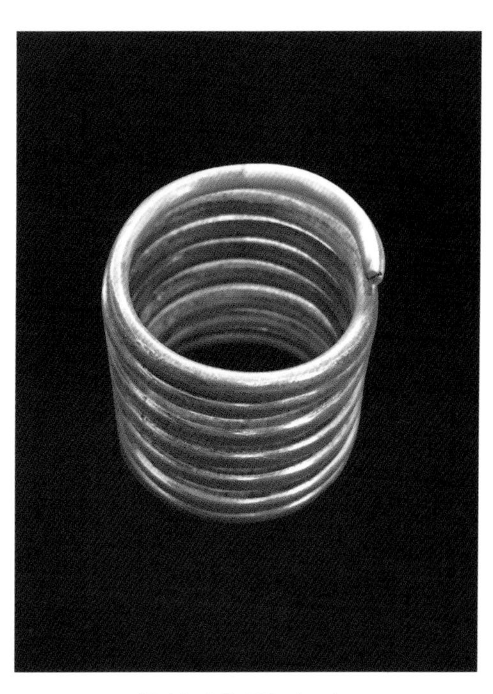

银丝戒指图（三）

（八）银排扣

银排扣，纯银制作，源于蒙军作战时使用的盾牌逐渐演变而来。属女子服饰的装饰品。

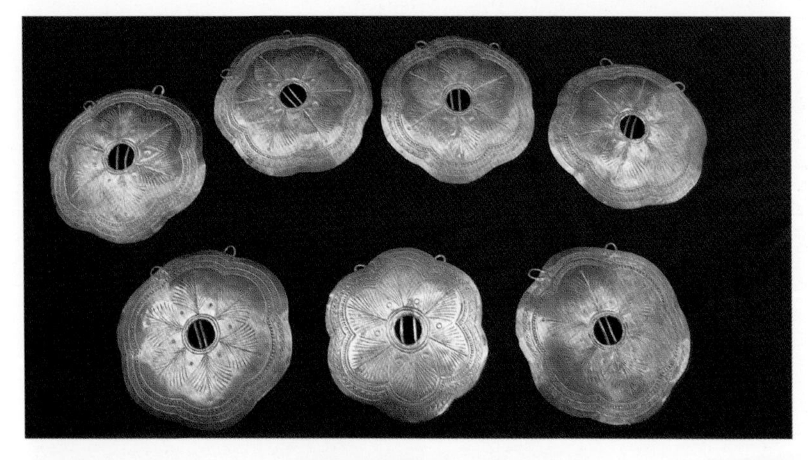

银排扣图（一）

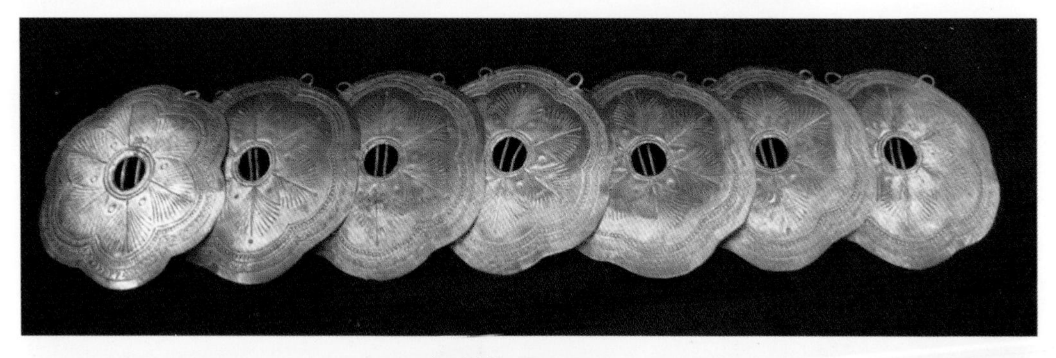

银排扣图（二）

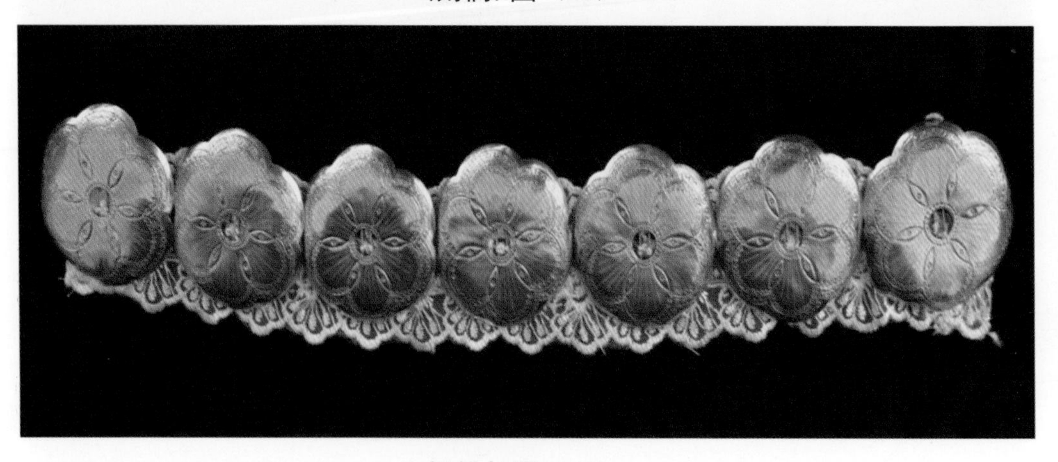

银排扣图（三）

（九）银钮

银钮，纯银制作，属女子服饰的装饰品。

银钮图（一）

银钮图（二）

（十）银珠

银珠，纯银制作，是少女、新娘时期串在新苾上的银珠子。

劳动、生产中的服饰

20 世纪 70 年代科学种田

平整秧田

挑柴

蹬慈姑

洗衣服

田间劳动

搬鱼

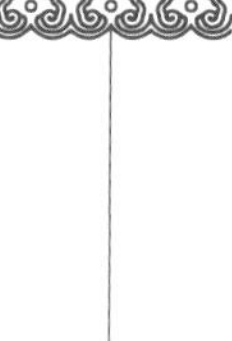

收工

捕鱼

甜瓜棚劳动图（一）

甜瓜棚劳动图（二）

田间劳动图（一）

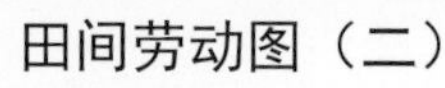
田间劳动图（二）

田间劳动图（三）

田间劳动图（四）

田间劳动图（五）

田间劳动图（六）

编织草锅帽

节日盛装

兴蒙乡的传统节日很多，有那达慕盛会、祭祖节、鲁班节等。节日期间，人们会放下手中的工作，穿上盛装欢度节日。

兴蒙蒙古族少女参加云南高铁首发仪式

（一）那达慕盛会

那达慕盛会是蒙古族的传统节日。目前，兴蒙乡每三年举办一届那达慕盛会，每一次举办都会有上万宾客慕名而来。盛会期间，场面壮观，气氛热闹，人们穿上节日的盛装载歌载舞，欢度节日。

那达慕盛会期间的舞龙表演图（一）

那达慕盛会期间的舞龙表演图（二）

那达慕盛会期间的舞龙表演图（三）

那达慕盛会期间的服饰表演

摔跤表演图（一）

摔跤表演图（二）

摔跤表演图（三）

那达慕盛会入场仪式图(一)

那达慕盛会入场仪式图(二)

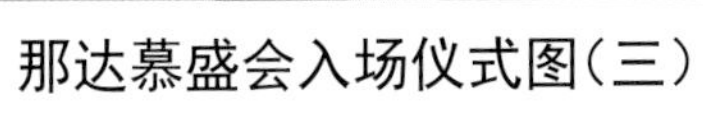

那达慕盛会入场仪式图（三）

那达慕盛会入场仪式图（四）

节日中放声歌唱图（一）

节日中放声歌唱图（二）

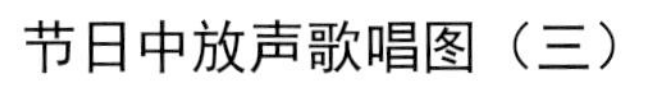

节日中放声歌唱图（三）

跳乐表演

节日中的服饰

马头琴表演图（一）

马头琴表演图（二）

节日中的服饰（一）

节日中的服饰（二）

（二）祭祖节

祭祖节，是兴蒙蒙古族人民祭奠祖先，追忆蒙古族征战南疆、建设家园的节日。节日定在每年农历六月二十日。届时，男女老幼都会换上节日盛装，统一到“三圣宫”举行祭奠活动。

祭祖节图（一）

祭祖节图（二）

祭祖节图（三）

祭祖节图（四）

祭祖节图（五）

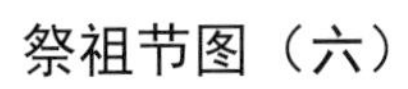

祭祖节图（六）

祭祖节图（七）

（三）鲁班节

据传，兴蒙蒙古族人民的建筑技术是由鲁班传授给旃班，再由旃班传授给乡里人的。为纪念祖师的恩德，兴蒙蒙古族人专设了鲁班祠，将鲁班的神像供奉在祠堂中，并定每年的农历四月初二为鲁班节。届时，全乡男女老幼穿上盛装，欢度节日。